BEI GRIN MACHT SICH IHR WISSEN BEZAHLT

- Wir veröffentlichen Ihre Hausarbeit,
  Bachelor- und Masterarbeit

- Ihr eigenes eBook und Buch -
  weltweit in allen wichtigen Shops

- Verdienen Sie an jedem Verkauf

Jetzt bei www.GRIN.com hochladen
und kostenlos publizieren

Das menschliche Sinnesorgan „Ohr". Wir hören Geräusche (5. Klasse Naturwissenschaften)

David Rose

Bibliografische Information der Deutschen Nationalbibliothek:

Die Deutsche Nationalbibliothek verzeichnet diese Publikation in der Deutschen Nationalbibliografie; detaillierte bibliografische Daten sind im Internet über http://dnb.d-nb.de abrufbar.

ISBN: 9783346769985
Dieses Buch ist auch als E-Book erhältlich.

© GRIN Publishing GmbH
Nymphenburger Straße 86
80636 München

Druck und Bindung: Books on Demand GmbH, Norderstedt Germany
Gedruckt auf säurefreiem Papier aus verantwortungsvollen Quellen

Das Buch bei GRIN: https://www.grin.com/document/1301141

Kompetenzorientierter Unterrichtsentwurf
für das Fach
<u>Naturwissenschaften</u>
im Rahmen
der dienstlichen Beurteilung für Lehrkräfte

<u>Unterrichtseinheit</u>
Von den Sinnen zum Messen

<u>Thema der Unterrichtsstunde</u>
Das menschliche Sinnesorgan „Ohr" – Wir hören Geräusche

Lehrer:	David Rose	**Klasse:**	5
Fächer:	Mathematik, Physik	**Anzahl der Schüler:**	19 (6 Mädchen, 13 Jungen)
Schule:	XX Grundschule		
		Zeit:	12:10 Uhr – 12:55 Uhr 13:00 Uhr – 13:45 Uhr
		Raum:	NaWi – Raum
Schuljahr:	2019 / 20	**Datum:**	08.11.2019

Inhaltsverzeichnis

1. Einordnung der Stunde in den Kontext der Unterrichtseinheit

Die Unterrichtseinheit „Von den Sinnen zum Messen" findet im Rahmen des naturwissenschaftlichen Unterrichts der 5. Klassenstufe statt. (Bezug zum Rahmenlehrplan „Naturwissenschaften" - Teil C für Berlin und Brandenburg – siehe Seite 21 und 22)[1]. Das Thema der Unterrichtsstunde lautet **„Das menschliche Sinnesorgan „Ohr" – Wir hören Geräusche"**.

Gliederung der Unterrichtseinheit: (Legende: SuS = Schülerinnen und Schüler)

Datum	Std.	Thema der Unterrichtsstunde	Lernziel	Bezug zum Rahmenlehrplan
09.08.2019	1./ 2.	Organisation (Vorstellung in der Klasse, Sitzplan, Verhalten in Fachräumen), NaWi – Was ist das?	SuS kennen die Begriffe der Naturwissenschaft (Biologie, Physik und Chemie) und wissen, womit sich diese Wissenschaft beschäftigt. SuS kennen die Sicherheitsregeln im Fach Naturwissenschaften.	SuS können naturwissenschaftliche Sachverhalte alltagssprachlich beschreiben. SuS können Sicherheits- und Verhaltensregeln des naturwissenschaftlichen Unterrichts einhalten.
16.08.2019	3. / 4.	Tätigkeiten der Naturwissenschaften, Naturphilosophen	SuS können Naturphilosophen benennen und dass sich Naturforscher mit wichtigen Gesetzmäßigkeiten beschäftigt haben.	SuS können naturwissenschaftliche Sachverhalte unter Verwendung der Alltagssprache unter Einbeziehung von Fachbegriffen beschreiben.

[1] https://bildungsserver.berlin-brandenburg.de/fileadmin/bbb/unterricht/rahmenlehrplaene/Rahmenlehrplanprojekt/amtliche_Fassung/Teil_C_Nawi_5-6_2015_11_16_web.pdf
(Zugriff am 30.10.2019 um 17:05)

23.08.2019	-	*Zirkusprojekt (kein regulärer Unterricht)*	-	-
30.08.2019	5. / 6.	Unser erstes Experiment (Öl, Wasser und Tintentropfen)	SuS können einfache Experimente durchführen, Beobachtungen aufstellen und formulieren.	SuS können vorgegebene Experimente unter Anleitung durchführen.
06.09.2019	7. / 8.	Wie erstelle ich ein Versuchsprotokoll? Größen, Einheiten und Messgeräte	SuS kennen die wesentlichen Bestandteile eines Versuchsprotokolls.	SuS können Untersuchungen nach Vorgaben protokollieren.
13.09.2019	9. / 10.	Unser zweites Experiment (Die Kerze, das Wasser und das Becherglas)	SuS können einfache Experimente durchführen, Beobachtungen anstellen und formulieren.	SuS können vorgegebene Experimente unter Anleitung durchführen.
20.09.2019	11. / 12.	Das Auge – können wir unseren Augen trauen?	SuS können bewusst verschiedene Dinge sehen, diese erkennen und benennen. SuS führen einfache Experimente durch.	SuS können naturwissenschaftliche Sachverhalte unter Verwendung der Alltagssprache unter Einbeziehung von Fachbegriffen beschreiben.
27.09.2019	13. / 14.	Der Aufbau des Auges	SuS kennen die einzelnen Bestandteile des Auges und deren Funktion.	SuS können naturwissenschaftliche Sachverhalte unter Verwendung der Alltagssprache unter Einbeziehung von Fachbegriffen beschreiben.
03.10.2019	-	*Herbstferien*	-	-

bis 20.10.2019				
25.10.2019	15. / 16.	Wiederholung nach den Ferien - Das Auge	SuS können gelernte Fachbegriffe unter Verwendung von Modellen beschreiben und wiedergeben.	SuS können mit Modellen naturwissenschaftliche Sachverhalte beschreiben.
01.11.2019	-	*Reformationstag (31.10.2019) und Brückentag (01.11.2019) frei*	-	-
08.11.2019	**17. / 18.**	**Das menschliche Sinnesorgan „Ohr" – Wir hören Geräusche**	**SuS können bewusst verschiedene Geräusche hören, diese erkennen und benennen, sowie diese selbst herstellen, indem sie handlungsorientiert an Stationen arbeiten.**	SuS können Experimente zu Stationen nach Vorgaben durchführen und Untersuchungsergebnisse beschreiben.
15.11.2019	19. / 20.	Der Aufbau des Ohres	SuS kennen die einzelnen Bestandteile des Ohres und deren Funktion.	SuS können naturwissenschaftliche Sachverhalte unter Verwendung der Alltagssprache unter Einbeziehung von Fachbegriffen beschreiben.
22.11.2019	21. / 22.	Die Nase – wir riechen verschiedene Gerüche	SuS können bewusst verschiedene Gerüche riechen, diese erkennen, benennen, indem sie Untersuchungen durchführen.	SuS können vorgegebene Experimente unter Anleitung durchführen.

29.11.2019	23. / 24.	Der Aufbau der Nase	SuS kennen die einzelnen Bestandteile der Nase und deren Funktionen.	SuS können naturwissenschaftliche Sachverhalte unter Verwendung der Alltagssprache unter Einbeziehung von Fachbegriffen beschreiben.
06.12.2019	25. / 26.	Die Haut – wir fühlen	SuS können bewusst verschiedene Dinge erfühlen, diese erkennen und benennen, indem sie handlungsorientiert an Stationen arbeiten.	SuS können Experimente zur Überprüfung von Hypothesen nach Vorgaben durchführen und Untersuchungsergebnisse beschreiben.
13.12.2019	27. / 28.	Der Aufbau der Haut	SuS kennen die einzelnen Bestandteile der Haut und deren Funktionen.	SuS können naturwissenschaftliche Sachverhalte unter Verwendung der Alltagssprache unter Einbeziehung von Fachbegriffen beschreiben.
20.12.2019	29. / 30.	Die Zunge – wir schmecken süß, sauer, salzig oder bitter?	SuS können bewusst verschiedene Dinge schmecken, diese erkennen und benennen, indem sie handlungsorientiert an Stationen arbeiten.	SuS können Experimente zur Überprüfung von Hypothesen nach Vorgaben durchführen und Untersuchungsergebnisse beschreiben.
21.12.2019 bis 05.01.2020	-	*Weihnachtsferien*		

2. Kompetenzen und Standards

Standards des Rahmenlehrplans	Stand der Kompetenzentwicklung	Angestrebter Standard der Kompetenzentwicklung in der Stunde
Prozessbezogene Standards	**Prozessbezogene Standards**	
SuS können Experimente zu Stationen nach Vorgaben durchführen und Untersuchungsergebnisse beschreiben. *(RLP Seite 18/19)*	SuS können unter Anleitung und selbstständig anhand von Versuchsaufgaben experimentieren und die naturwissenschaftlichen Phänomene beobachten und beschreiben.	**SuS können bewusst verschiedene Geräusche hören, diese erkennen und benennen, sowie diese selbst herstellen, indem sie handlungsorientiert an Stationen arbeiten.**
Inhaltsbezogene Standards	**Inhaltsbezogene Standards**	
SuS können mit ihren Sinnesorgane (Ohr) Geräusche wahrnehmen und deuten. Sie können Geräusche selbst herstellen und diese mit Alltagssituationen vergleichen und beschreiben. (Ohrsinn) *(RLP Seite 22)*	SuS kennen die Begriffe Tast-, Geschmacks-, Geruchs-, Seh- und Hörsinn. Sie wissen, dass die Sinnesorgane überaus wichtige Aufgaben übernehmen, um sich in ihrer Umwelt orientieren zu können. Sie kennen das Sinnesorgan Auge, den Aufbau und die Funktion.	

3. Lernvoraussetzungen der Klasse

In der Klasse 5 werden zurzeit 19 SuS unterrichtet (6 Mädchen, 13 Jungen). Die Leistungen der Lerngruppe im Fach Naturwissenschaften sind dabei sehr heterogen. In der Klasse 5 sind derzeit drei SuS mit einem festgestellten Förderbedarf (2x FS „ADHS", 1x FS „EmSoz"). Die Förderung der drei Schüler mit den Förderschwerpunkten erfolgt zum Teil im Klassenverband mithilfe differenzierter Materialien, sowie differenzierter Tests/ Arbeiten in Kleingruppen (S., G., J.). Des Weiteren haben fünf SuS der Klasse 5 eine diagnostizierte Lese-Rechtschreib-Schwäche (LRS) und werden in bestimmten Übungen unterstützt aufgrund eines Nachteilsausgleiches (z.B. Texte großge-schrieben/ vereinfachte Schrift/ quantitative Differenzierung/ mehr Zeit etc.). Weiterhin besuchen zwei Flüchtlingskinder die Klasse 5, die regel-mäßig den DAZ-Unterricht besuchen, um zusätzlich in der deutschen Sprache gefördert zu werden.

Die SuS kennen verschiedene Sozialformen und unterschiedliche Methoden, die im Unterricht eingesetzt werden (Einzel-, Partner- und Gruppenarbeiten). Viele besitzen sehr gut bis gut ausgeprägte Kompetenzen im naturwissenschaftlichen Unterricht. Dazu gehören Versuche beschreiben, beobachten, experimentieren und Versuchsbeobachtungen protokollieren (N., L., Li., Ju., H. und Y.). Insgesamt ist die Klasse 5 am naturwissenschaftlichen Unterricht interessiert und begeistert sich sehr für Freihandversuche, die sie selbstständig durchführen. Während der Stationsarbeit werden die Arbeitsaufträge differenziert angeboten oder durch Hilfestellungen bei Texten unterstützt. Auch der Umfang der Arbeitsaufträge wird für SuS mit Förderbedarf reduzierter angeboten, damit die Konzentra-tion und Lernbereitschaft während der Stationsarbeit erhalten bleibt.

Differenzierungsstufe 1 (* Sternchen) (stark differenziert/ vereinfacht → FS „ADHS" und „EmSoz")	Differenzierungsstufe 2 (** Sternchen) (durchschnittliches Niveau/ erfüllt die Anforderungen)	Differenzierungsstufe 3 (*** Sternchen) (nach oben differenziert/ zusätzliche Anforderungen)
G., S., J., D., T.	F., A., Al., Ta. P., M., Mi., Jo.	H., Ju., Y., L., N., Li.,

4. Sachanalyse

Auf Lebewesen wirken mechanische, chemische, optische, elektrische, magnetische sowie thermische Reize ein. Organismen besitzen die Fähigkeit diese Reize aus ihrer Umgebung wahrzunehmen und darauf zu reagieren. Diese Informationsaufnahme erfolgt über die Sinnesorgane (Auge, Ohr, Nase, Zunge, Haut), welche spezifische Rezeptoren enthalten.[2] Die zwei Ohren des Menschen beherbergen das Hör- und Gleichgewichtsorgan. Jedes ist in drei Gebiete unterteilt: das äußere Ohr, das Mittelohr und das Innenohr, wobei das eigentliche Hörorgan, die Schnecke oder Cochlecha, sich im Innenohr befindet. Sacculus, Utriculus und die drei Bogengänge mit ihren Bogengangräumen stellen das Gleichgewichtsorgan der Menschen und der Wirbeltiere dar und dienen der Aufrechthaltung des Gleichgewichts sowie der Orientierung im Raum. [3] Das Hören wird auch als Schallsinn bezeichnet und stellt einen Fernsinn dar. Zunächst gelangen Schallwellen durch den Gehörgang und versetzten das Trommelfell in Schwingung. Die Gehörknöchelchen nehmen diese Schwingungen auf und leiten sie an das ovale Fenster weiter. Durch die Hebelwirkung erfolgt eine Verstärkung auf das 20-fache. Die Schwingungen des ovalen Fensters verursachen Schwingungen in der Perilymphe des Vestibulums. Die Schwingungen in der Perilymphe übertragen sich auf die Endolymphe des Schneckengangs. Anschließend bewegen sich die Härchen der Hörzellen, Rezeptoren nehmen dies wahr und senden Impulse an das Gehirn. Dieses interpretiert die eintreffenden Nervenimpulse als Hörempfindungen. Abschließend nehmen die Schallwellen wieder ab. Das Ohr kann dementsprechend Schallwellen verarbeiten, welche in Ton, Töne, Klänge und **Geräusche** unterteilt werden. Im täglichen Leben tritt Schall als Druckschwankungen in der Luft auf. Diese Frequenzen werden als Töne bezeichnet. Der Ton ist eine Sinusschwingung, die nur aus einer einzigen Frequenz besteht. Klänge hingegen sind in Musik zu finden, da diese in der Regel nicht aus reinen Tönen besteht, sondern aus Klängen. Die Schallereignisse des täglichen Lebens umfassen praktisch alle Frequenzen des Hörbereichs. Sie werden akustisch als **Geräusche** bezeichnet.[4]

---

[2] vgl. Schmidt (Hrsg.) / Lang (Hrsg.) (2007). *Physiologie des Menschen mit Pathophysiologie.* 30. neu bearbeite und aktualisierte Auflage. Springer Medizin Verlag, Heidelberg, S.247

[3] vgl. Kratochwil (Hrsg.) / Scheibe (Hrsg.) / Wieczorek (Hrsg.) (2009). *Biologie.* 8. aktualisierte Auflage. Pearson Studium Verlag. München , S. 1469

[4] vgl. Schmidt (Hrsg.) / Lang (Hrsg.) (2007). *Physiologie des Menschen mit Pathophysiologie.* 30. neu bearbeite und aktualisierte Auflage. Springer Medizin Verlag, Heidelberg, S.344

5. Methodische und didaktische Überlegungen zur Unterrichtsstunde

Die Stunde soll mit einem Geräusche-Ratespiel beginnen. Hierbei sollen die Schüler verschiedene Geräusche, die zunächst von der Lehrkraft und später durch die Schüler erzeugt werden, nur mit ihrem Hörsinn erfassen und erraten. Dieser Unterrichtseinstieg soll die Schüler einerseits spielerisch auf das neue Thema einstimmen, sowie einen gemeinsamen Einstieg in das Thema der Stunde darstellen. Das Geräusche-Ratespiel wurde bewusst als Einstieg gewählt, um die Schüler zu motivieren und neugierig auf das neue Thema zu machen. Da Spiele eine eigene Dynamik produzieren, werden die SuS durch den Drang gewinnen zu wollen, motiviert und vorwärtsgetrieben. Auch das Methoden- und Regelbewusstsein sollen durch diese zielgerichtete und daher handlungs- und produktionsorientierte Tätigkeit gestärkt werden. Weiter ist es hier wichtig, dass die Schüler sich voll und ganz auf das Spiel einlassen und nicht die Augen öffnen und ihren Sehsinn benutzen.

Das Geräusche-Ratespiel soll mit der Frage „Mit welchem Sinnesorgan können wir solche Geräusche wahrnehmen?" abgeschlossen werden und den SuS ermöglichen, selbst den Unterrichtsgegenstand der Stunde zu erkennen und aktiv zu werden. Dieser Unterrichtseinstieg soll an den Sitzplätzen stattfinden, da die Schüler hier die Möglichkeit haben, nicht nur die Augen zu verschließen, sondern auch den Kopf auf den Tisch zu legen und somit ihren Sehsinn völlig auszuschalten.

In der nächsten Phase der Stunde sollen gemeinsame Regeln für die Arbeit an Stationen wiederholt, sowie die Stationen kurz vorgestellt werden. Der traditionelle Rundgang durch die Stationen wurde an dieser Stelle bewusst ausgelassen, da die Stationen selbsterklärend konzipiert sind und ich hierdurch das selbständige Arbeiten der Kinder schulen möchte. Auch soll an dieser Stelle das individuelle Stationsblatt kurz besprochen werden. Dabei können die SuS selbstständig abhacken, welche Station sie bereits besucht haben. Bei 8 Stationen wird ein Schwerpunkt auf die Differenzierung des Umfangs der Stationen geachtet. Es wird Pflicht- und Wahlstationen bzw. eine Zusatzstation geben.

Des Weiteren sind an der Tafel bunte Stationsblätter mit Eintrittskarten versehen. Diese gehören ebenfalls zur Orientierung dazu, welche Station besucht werden kann, da an einer Station immer eine gewisse Anzahl an SuS experimentieren und arbeiten soll.

Hierzu werden den Schülern folgende Stationen zu Verfügung gestellt:

Station 1:	Hörmemory – 4 SuS
Station 2:	Hörmemory – 4 SuS
Station 3:	Was hörst du? – 4 SuS
Station 4:	Musik aus dem Wasserglas – 3 SuS
Station 5:	Geräuschpantomime – 2 SuS
Station 6:	Hör genau hin! – 2 SuS
Station 7:	So hören wir (Text und Arbeitsblatt) – alle SuS möglich
Station 8 (Zusatzstation):	Mittelohrentzündung und Schwerhörigkeit – alle SuS möglich

Aufgrund der Heterogenität innerhalb dieser Lerngruppe (vgl. Lernvoraussetzungen der Klasse) wird jede dieser Stationen auch differenziert angeboten, was die Schüler schnell anhand der Sternchen (*, **, ***) der Arbeitsaufträge auf ihrem Stationsblatt erkennen können. Die innere Differenzierung der Sternchen kennen die SuS aus dem Mathematikunterricht. An den Stationen sollen Einzel- oder Partnerarbeiten durchgeführt werden. An den Stationen 7 und der Zusatzstation 8 sollen die SuS, Texte und Arbeitsblätter zum Sinnesorgan Ohr bearbeiten. Die Texte werden ebenfalls differenziert angeboten. Die Zusatzstation soll nur bearbeitet werden, wenn die Stationen 1 bis 7 besucht und bearbeitet wurden. Außerdem wird an mehrere Stationen eine Kontrollmöglichkeit ausgelegt. Diese verfolgt das Ziel, dass die Schüler sofort erkennen können, ob die Ergebnisse der Erarbeitung korrekt sind oder nicht.

Das Lernen an Stationen wurde von mir in erster Linie ausgewählt, um die Motivation und Neugier der SuS zu wecken, sowie handlungsorientiert selbst verschiedene Dinge auszuprobieren oder zu erfahren. Mir scheint für diese Lerngruppe und das Thema das Lernen an Stationen besonders geeignet, da die SuS die Möglichkeit erhalten, ihren Lernweg entsprechend ihrer Interessen und Fähigkeiten selbst zu steuern und somit das Unterrichtsgeschehen aktiv mitzugestalten. Unterschiede im Lernverhalten einzelner Schüler können so leichter miteinander vereinbart werden. Weiter möchte ich durch diese Methodenwahl das selbstorganisierte Lernen, die Eigenständigkeit und das Verantwortungsbewusstsein der Schüler schulen. Die Sicherung findet durch die Selbstkontrolle an den jeweiligen Stationen statt. Die Reflexion der Stunde soll anschließend mit Reflexionskarten erfolgen. Dabei sollen die Stationen nochmal kurz besprochen werden und die SuS sollen dabei reflektieren, was sie an der jeweiligen Station gelernt haben. Die Reflexionskarten beinhalten Fragen, an denen sich die SuS orientieren können.

Die Festigung und der Abschluss der Doppelstunde wird mit einem Lernvideo (4:30 Minuten) abgeschlossen und gemeinsam mit einem Arbeitsblatt zum Film mit der Lehrkraft bearbeitet. Der Film zum Thema „Aufbau des Ohres" und das Arbeitsblatt sichert das erlernte Wissen der SuS.

Abschließend möchte ich in der folgenden Tabelle beschreiben, welche Lernziele, Differenzierungen und Hilfestellungen ich mir bei jeder einzelnen Station überlegt habe.

6. Lernziele, Differenzierungen und Hilfestellungen nach drei Lernniveaus zu allen Stationen

Station	Lernziel	Differenzierung / Hilfestellung
1 und 2 **Hörmemory**	SuS können spielerisch durch genaues zu-hören bei dem Hörmemory gleiche Paare erhören und ihre Untersuchungen anhand der Farbe auf der Rückseite selbstständig überprüfen.	Für * - Finde nur zwei Paare Für ** - Finde drei Paare Für *** - Finde vier Paare

Station	Lernziel	Differenzierung / Hilfen
3 **Was hörst du?**	SuS sehen sechs Gegenstände vor sich, die sie durch das Schütteln von jeweils vier Schachteln nur mit ihrem Hörsinn vergleichen und erkennen sollen.	Für * - nutze alle Hilfskarten, wie die Gegenstände geschrieben werden Für ** - nutze zwei Hilfskarten, wie die Gegenstände geschrieben werden Für *** - kurze keine Hilfskarte
4 **Musik aus dem Wasserglas**	SuS führen ein Experiment durch und können durch ihre Handlung erhören, welches Glas den höchsten Ton erzeugt.	Für * - nutzen die Hilfskarte 1, um ein Ergebnis aufzuschreiben. Dabei fehlen ein bis zwei Worte in einem Lösungssatz. Für ** - nutzen die Hilfskarte 2, auf der die Begriffe verteilt stehen, um einen Lösungssatz aufzuschreiben Für *** - Formulieren den Lösungssatz selbstständig
5 **Geräuschpantomime**	SuS können Geräusche selbst erzeugen, um Begriffe pantomimisch einem anderen SuS anhand von Geräuschen aus ihrer Alltagssituation vorstellen.	Für * - zwei Begriffe werden jeweils vorgestellt Für ** - drei Begriffe werden jeweils vorgestellt Für *** - vier Begriffe werden jeweils vorgestellt
6 **Hör genau hin**	SuS können zwischen wichtigen und unwichtigen Geräuschen aus einem Hörspiel (für das Handy von Herrn Rose auf Kopfhörern) heraushören und diese durch Ankreuzen auf einem Arbeitsblatt darstellen.	Für * - das Hörspiel wird nochmal abgespielt und zwei Lösungsantworten gezeigt Für ** - eine Lösungsantwort wird gezeigt Für *** - der SuS kann sofort alle Lösungen selbstständig heraushören
7 **So hören wir**	SuS können aus einem kurzen Sachtext die wichtigsten Teile des Ohres anhand eines Schaubildes zuordnen und lernen somit den Aufbau des Ohres kennen.	Für * - nutzen den Text, welcher etwas größer ausgedruckt wurde und nutzen die bereitgestellten Begriffe für die Zuordnung Für ** - können das Arbeitsblatt mit den Hilfsbegriffen auf der gleichen Seite nutzen Für *** - lösen das Schaubild selbstständig

| 8

Zusatzstation

Text A: Mittelohrentzündung
Text B: Schwerhörigkeit | SuS lernen Krankheiten des Ohres kennen, können aus Sachtexten die wichtigsten Informationen entnehmen und Fragen dazu beantworten. | Für * - lesen nur Text A oder B ohne die Fragen zu beantworten
Für ** - lesen Text A und Text B und beantworten zu einem der beiden Texte die Fragen
Für *** - lesen Text A und Text B und beantworten jeweils zu beiden Texten die Fragen |

7. Verlaufsplanung für eine Doppelstunde

Phase / Zeit	Lehrerverhalten	Antizipiertes Schülerverhalten	Sozialform	Bemerkungen/ verwendetes Medium
Einstieg / Motivation **(ca. 10 Minuten)**	*Die Stunde beginnt und der Lehrer begrüßt die SuS.* L: bittet die SuS die Augen zu verschließen und genau zuzuhören. Dabei sollen die SuS den Kopf auf den Tisch legen. L: erzeugt insgesamt fünf Geräusche, wobei nach jedem Geräusch die SuS sich melden sollen, um die erzeugten Geräusche zu erkennen und zu benennen. L: „Mit welchem Sinnesorgan können wir solche Geräusche wahrnehmen?" L: schreibt an die Tafel „Das menschliche Ohr. Wir hören Geräusche."	SuS sitzen an ihren Plätzen nach dem Sitzplan. SuS: verschließen die Augen und legen den Kopf auf den Tisch. SuS: hören ausschließlich mit ihrem Hörsinn zu und melden sich nach jedem Geräusch. SuS: „Mit dem Ohr."	Plenum	Smart Board Demonstrationsexperiment

			Plenum	Smart Board
Erarbeitungs-phase **(ca. 10 Minuten)**	L: erklärt den SuS, dass in der nächsten Unterrichtsphase anhand von Stationen das Stundenthema erforscht werden soll und dass jeder ein Stationsblatt erhält. Das Stationsblatt wird kurz erklärt und jeder SuS soll seinen Namen aufschreiben.	SuS: hören zu. SuS: Notieren ihren Namen auf ihr individuelles Stationsblatt.		
	L: erklärt die Eintrittskarten für die jeweiligen Stationen.	SuS: hören zu.		
	L: fordert die SuS auf, sechs Gruppentische zusammenzustellen.	SuS: schieben die Tische zu Gruppentischen zusammen und bleiben an einem Gruppentisch sitzen.	Gruppen-tische	
Stations-arbeit **(ca. 40 Minuten)**	L: verteilt die Materialien an die Stationen und fordert die SuS auf sich eine Eintrittskarte an der Tafel zu nehmen und an der Station zu beginnen. Station 1: Hörmemory – 4 SuS Station 2: Hörmemory – 4 SuS Station 3: Was hörst du? – 4 SuS Station 4:	SuS: stehen auf und nehmen sich eine Eintrittskarte, um an einer Station zu arbeiten. SuS: bringen die Eintrittskarte einer Station zurück und wechseln die Station, indem sie eine andere Eintrittskarte nehmen. SuS: arbeiten an den Stationen mit dem Stationsblatt und überprüfen ihre Ergebnisse mit den Kontrollblättern an den jeweiligen Stationen.	Gruppen-tische	Stationsarbeit mit Experimenten / Texten und Lösungen

	Musik aus dem Wasserglas – 3 SuS Station 5: Geräuschpantomime – 2 SuS Station 6: Hör genau hin! – 2 SuS Station 7: So hören wir (Text und Arbeitsblatt) – alle SuS möglich Station 8 (Zusatzstation): Mittelohrentzündung und Schwerhörigkeit – alle SuS möglich		
Zwischen-sicherung **(10 Minuten)**	Sobald alle Stationen bearbeitet wurden, fordert L auf, dass alle SuS an ihren Gruppentischen sitzenbleiben. L: hält mehrere Reflexionskarten in der Hand und teilt den SuS mit, dass die Stationsarbeit reflektiert werden soll. Die Reflexionskarten können die SuS nutzen, um ein Feedback zu den Stationen zu geben.	SuS: beenden ihre Stationsarbeit und hören L zu. SuS: nutzen die Reflexionskarten, um über die Stationsarbeit zu sprechen. Jeweils ein SuS nimmt sich eine Reflexionskarte, liest diese vor und antwortet individuell.	Plenum	Reflexionskarten
Pause **(5 Minuten)**	L: fordert die SuS auf, eine 5 Min. Pause zu machen	SuS: machen Pause	Plenum	

Festigung / Abschluss **(15 Minuten)**	L: räumt die Stationen kurz zusammen und fordert die SuS auf, die Tische wieder frontal zu stellen. L: zeigt einen Film zum Aufbau des Ohrs (Quelle: www.gida.de - Filmdauer: 4:30 Minuten) L: teilt ein Arbeitsblatt zum Aufbau des Ohres in Bezug zum Film aus und bearbeitet es gemeinsam mit den SuS an der Tafel.	SuS: schieben die Tische frontal zusammen. SuS: schauen den Film zum Ohr. SuS: bearbeiten mit L das Arbeitsblatt dem Smart Board zusammen und festigen ihr Wissen zum Aufbau des Ohrs.	Plenum	Smart Board Film Arbeitsblatt

(Insgesamt 90 Minuten)